BEI GRIN MACHT SICH IHR WISSEN BEZAHLT

- Wir veröffentlichen Ihre Hausarbeit,
  Bachelor- und Masterarbeit

- Ihr eigenes eBook und Buch -
  weltweit in allen wichtigen Shops

- Verdienen Sie an jedem Verkauf

Jetzt bei www.GRIN.com hochladen
und kostenlos publizieren

Sven-David Müller

Mucoviszidose aus ernährungsmedizinischer und ernährungswissenschaftlicher Sicht

GRIN Verlag

Bibliografische Information der Deutschen Nationalbibliothek:

Die Deutsche Bibliothek verzeichnet diese Publikation in der Deutschen National-
bibliografie; detaillierte bibliografische Daten sind im Internet über http://dnb.d-
nb.de/ abrufbar.

Impressum:

Copyright © 2011 GRIN Verlag GmbH
Druck und Bindung: Books on Demand GmbH, Norderstedt Germany
ISBN: 978-3-656-03663-0

Dieses Buch bei GRIN:

http://www.grin.com/de/e-book/180948/mucoviszidose-aus-ernaehrungsmedizini-
scher-und-ernaehrungswissenschaftlicher

GRIN - Your knowledge has value

Der GRIN Verlag publiziert seit 1998 wissenschaftliche Arbeiten von Studenten, Hochschullehrern und anderen Akademikern als eBook und gedrucktes Buch. Die Verlagswebsite www.grin.com ist die ideale Plattform zur Veröffentlichung von Hausarbeiten, Abschlussarbeiten, wissenschaftlichen Aufsätzen, Dissertationen und Fachbüchern.

Besuchen Sie uns im Internet:

http://www.grin.com/

http://www.facebook.com/grincom

http://www.twitter.com/grin_com

Mucoviszidose (cystische Fibrose) aus ernährungsmedizinischer und ernährungswissenschaftlicher Sicht

von Sven-David Müller, M.Sc.

Die Bezeichnung Mukoviszidose setzt sich zusammen aus den Begriffen „mucus" (=der Schleim) und „viscidus" (=zäh). 1936 wurde die Mukoviscidose erstmals von Guido Fanconi beschrieben. Er erkannte die Funktionsstörung der Bauchspeicheldrüse, ein typisches Symptom bei der Mukoviszidose. Der angesehene Pädiater wurde auf zwei tragische Todesfälle von Kleinkindern aufmerksam und entdeckte bei deren Obduktion Veränderungen an Lungen und Pankreas. Der ursächliche Gendefekt bei der Mukoviszidose wurde 1989 entdeckt. Bei Mukoviszidose, oder auch Cystische Fibrose (CF) genannt, handelt es sich um eine Stoffwechselerkrankung, die eine Fehlfunktion der Atemwege, der Verdauungsorgane und anderer Organsysteme zur Folge hat. Die Krankheit basiert auf einem Gendefekt und ist erblich, bricht aber nur in einem von vier Menschen, die das Erbgut in sich tragen, tatsächlich aus. Durch Labortests kann das Vorhandensein des auslösenden Gendefekts nachgewiesen werden. Man schätzt, dass jeder 3000. Bundesbürger an den Symptomen der Mukoviszidose zu leiden hat. Die für die Erkrankung verantwortliche Genmutation, also Veränderung im Erbmaterial, führt zu einer Funktionsstörung aller schleimbildenden Drüsen, dazu gehören Schweißdrüsen, Speicheldrüsen, die Drüsen der Bronchien, die des Magen-Darm-Traktes und insbesondere die Bauchspeicheldrüse. Diese Drüsen produzieren ein zu zähes Sekret, das in den verschiedenen Organen zu unterschiedlichen Störungen führen kann. Die Krankheit äußert sich bereits im Säuglings- oder Kleinkindalter. Bei Neugeborenen kann sie einen Darmverschluss verursachen, ab dem ersten Lebensalter führt sie zu Gedeihstörung, chronischer Bronchitis und zu wiederholten, teilweise schweren Lungenentzündungen. Im späteren Schul- und Erwachsenenalter können Diabetes mellitus, Osteoporose und Leberfunktionsstörungen als Folgeerscheinungen auftreten.

Ursachen für eine Mukoviszidoseerkrankung

Ursache für die Erkrankung an Mukoviszidose ist ein auf Chromosom 7 mutiertes Gen. Es sorgt normalerweise für die Herstellung eines Eiweißmoleküls, welches als cystic fibrosis transmembrane regulator (CFTR) bekannt ist und aus 140 Aminosäuren besteht. CFTR wirkt vor allem als Kanal für Chlorid-Ionen in der Zellmembran. Bei der cystischen Fibrose liegen Mutationen am CF-Gen vor, die zu einer Veränderung des CFTR-Moleküls führen. Die Folge dieser Veränderung ist ein fehlender oder verminderter Chlorid-Transport durch gestörte Regulation der Chloridkanäle. Dies führt wiederum zu Elektrolytverlusten (Elektrolyte=Stoffe, die in wässriger Lösung in der Lage sind, den elektrischen Strom zu leiten) über die Schweißdrüsen und zur Eindickung des Sekrets aller exokrinen (nach außen absondernden) Drüsen. Das Sekret kann so nicht oder nur schwer abfließen und verklebt die Drüsenausführungsgänge. Als Folge davon kommt es zu chronischer Entzündung mit cystisch fibröser Umwandlung, also mit bindegewebigen Zysten und mit zähem Schleim angefüllten Hohlräumen sowie fortschreitenden Funktionsverlust der betroffenen Drüsen beziehungsweise Organe (Lunge, Magen-Darm-Trakt, Bauchspeicheldrüse, Leber, Nasennebenhöhlen, Samenleiter und Schweißdrüsen).

Symptome einer Mukoviszidose

- Salzig schmeckende Haut durch erhöhten Salzgehalt im Schweiß schon beim Säugling
- Chronische Bronchitis
- Trommelschlegelfinger mit Uhrglasnägeln
- Ungenügende Gewichtszunahme
- Nahrungsunverträglichkeit, vor allem fetter Speisen
- Heftige Bauchschmerzen mit stark überblähtem Bauch
- Chronische Durchfälle
- Nasenpolypen
- Nasennebenhöhlenentzündung

Mukoviszidose und Diabetes mellitus

Beim Fortschreiten der Mukoviszidose können an verschiedenen Organen Schäden und daraus resultierende Folgeerkrankungen wie Diabetes mellitus auftreten. Charakteristisch für den Verlauf des Diabetes mellitus bei Mukoviszidose ist sein langsamer Beginn, der sonst eher für einen Typ 2-Diabetes typisch ist. Im Laufe der Zeit entwickelt sich dann jedoch ein insulinabhängiger Typ 1-Diabetes. Die Ursache liegt in der Funktionsstörung der Bauchspeicheldrüse, was im Laufe der Zeit zu einer verminderten Insulinproduktion führen kann. Das lebenswichtige Hormon Insulin reguliert die Aufnahme von Zucker aus dem Blut in die Zellen und damit den Blutzuckerspiegel. Eine nicht behandelte Störung im Zuckerhaushalt führt bei Mukoviszidose-Patienten zu Gewichtsverlust, erhöhter Infektanfälligkeit, Verschlechterung der Lungenfunktion und verkürzter Lebenserwartung. Eine rechtzeitige Therapie ist also wichtig, um mögliche Spätfolgen zu verhindern. Diabetes mellitus wird auch bei der Mukoviszidose mit Tabletten oder Insulin behandelt. Anders als sonst üblich sollte die Ernährung bei gleichzeitigem Vorliegen einer Mukoviszidose allerdings hochkalorisch sein. Während Menschen mit Typ 2-Diabetes >Fett meiden und abnehmen sollten, wird Mukoviszidose-Patienten mit Typ 2-Diabetes empfohlen, mit vielen komplexe Kohlenhydraten und auch Fette zu sich zu nehmen.

Betroffene Organe

- **Lunge:** Durch den zu zähen Schleim der Bronchien kommt es zu Atembehinderung (Sauerstoffmangel) und zu chronischen Infekten durch Bakterien, die sich im Schleim ansiedeln. Folge sind gehäufte Lungenentzündungen, die zu einer fortschreitenden Zerstörung des Lungengewebes führen können. Hauptsymptom dieser Erkrankung ist der chronische Husten, mit dem die Patienten versuchen, ihren Schleim loszuwerden.
- **Leber/Gallenwege:** Die zu zähflüssige Gallenflüssigkeit verstopft die feinen Gallengänge und beeinträchtigt die Abgabe des zur Verdauung benötigten Gallensaftes. Dies kann zu Leberzirrhose führen.
- **Bauchspeicheldrüse (Pankreas):** Das zu zähe Sekret der Bauchspeicheldrüse verstopft das Ausführungsorgan der Bauchspeicheldrüse. Dadurch gelangen zu wenig Verdauungsenzyme in den Darm. Die Folge sind Verdauungsstörungen, die sich in massigen, fettigen Durchfällen, Bauchschmerzen und mangelnder Gewichtzunahme zeigen. Durch die aufgestauten Verdauungssäfte wird die Bauchspeicheldrüse auf Dauer zerstört.
- **Dünndarm:** Durch zähen, ersten Neugeborenenstuhlgang besteht die Gefahr eines Darmverschlusses. Nicht selten ist eine Operation erforderlich.
- **Nasen- und Rachendrüsen:** Durch den zähen Schleim der Bronchien kommt es häufig zu Hals-Nasen-Ohren-Komplikationen.
- **Haut:** Durch eine Fehlfunktion der Schweißdrüsen enthält der Schweiß ungewöhnlich viel Kochsalz. Dies ist für die Diagnosestellung der Mukoviszidose von Bedeutung.

- **Defekt auf zellulärer Ebene:** Die äußere Zellschicht der Bronchien kann kein – oder nur zu wenig – Chlorid in die Atemwege abgeben. Durch den gestörten Chlorid-Transport werden die Zellen veranlasst, mehr Natrium aufzunehmen. Dies führt zur Verfestigung des Schleimfilms, der die Atemwege überzieht.

Mangel an einzelnen Nährstoffen

Aufgrund bestimmter fehlender Verdauungsenzyme können Nährstoffe aus dem Essen nicht mehr ins Blut aufgenommen werden. Daraus resultiert ein Mangel an den folgenden Nährstoffen:

Eiweiß (Protein)

Beim gestillten Säugling mit Mukoviszidose entstehen typischerweise Eiweißmangelödeme. Der Eiweißgehalt der Muttermilch ist für den enormen Wachstumsbedarf zu gering und die Eiweißverluste mit dem Stuhl zu hoch.

Fettlösliche Vitamine

Anders als bei wasserlöslichen Vitaminen ist bei fettlöslichen Vitaminen ein Mangel zu befürchten. Daher müssen diese zusammen mit Verdauungsenzymen zusätzlich zugeführt werden.

Vitamin A

Ein Mangel an Vitamin A kann Nachtblindheit, Austrocknung der Horn- und Bindehaut (Xerophthalmie) und beim Säugling Hirndruck verursachen. Zusätzlich kann eine Störung der Transportproteinsynthese bei Lebererkrankungen sowie Zinkmangel hinzukommen.

Vitamin D

Ungenügendes Aussetzen des Sonnenlichtes, durch geringere Mobilität bei schlechter Lungenfunktion sowie einer Gallestauung in der Leber sind die Hauptrisikofaktoren für einen Vitamin-D-Mangel.

Vitamin E

Ohne ausreichende Substitution mit dem wichtigen Antioxidans Vitamin E entwickeln alle Mukoviszidosepatienten mit Pankreasinsuffizienz und chronischer Lungenentzündung einen Vitamin-E-Mangel. Säuglinge könnten so eine durch Vitamin-E-Mangel bedingte Blutarmut, die durch einen erhöhten Zerfall der roten Blutkörperchen ausgelöst wird (hämolytische Anämie), entwickeln. Bei längerem Verlauf drohen eine irreversible Nervenerkrankung und ein Abbau des Rückenmarks und Kleinhirns.

Vitamin K

Im Säuglingsalter können durch Vitamin-K-Mangel schwere Blutungen auftreten. Die für die Vitamin-K-Synthese wichtige Darmflora im Kolon (Hauptteil des Dickdarms) kann durch die häufig eingesetzten Antibiotika vermindert werden. Vitamin-K-Mangel betrifft zumeist Leberkranke.

Mineralstoffe

Die Versorgung mit **Kochsalz** stellt ein ernst zu nehmendes Problem dar. Die Kochsalzsupplementierung ist für die Mukoviszidosepatienten enorm wichtig. Dies gilt vor allem für Säuglinge und Kleinkinder unter natriumarmer Kost (Muttermilch, Säuglingsnahrung). Auch durch vermehrtes Schwitzen bei sportlicher Aktivität oder bei wärmerem Klima sind die Betroffenen durch erhöhte Salzverluste gefährdet. Chronischer Salzmangel kann mit einer Störung des Säure-Basen-Haushaltes mit Chloridmangel und

Gedeihstörungen einhergehen. Beim akuten Salzverlust drohen Austrocknung und Kreislaufkollaps. Oft kommt es bei Mukoviszidosepatienten auch zu **Eisenmangel**. Hauptursache hierfür sind ungenügende Zufuhr und hohe Verluste, beispielsweise durch Probleme beim Reflex der Speiseröhre und des Magens (gastroösophagealen Reflexus). Im Säuglingsalter kommt es bei schwerer Mangelernährung zu **Zink-**, **Magnesium-** und **Kupfermangel**. Neben Sport und Sonnenlicht gehören die ausreichende Zufuhr von **Kalzium** und **Phosphat** zur Prävention der Osteoporose. Kalzium und Phosphat sollten am besten über gesäuerte Milchprodukte aufgenommen werden. Trinkmilch ist zu meiden, da die enthaltene Galaktose (Schleimzucker) eine weiter Verschleimung fördert.

Ernährungsdefizite bei Mukoviszidose

Speziell bei Atemwegsinfektionen kommt es zu einer zu geringen Energieaufnahme. Probleme beim Reflex der Speiseröhre und des Magens, Schmerzen in der Bauchhöhle, Darmverschluss, Verstopfung, Gallenblasenentzündung, Bauchspeicheldrüsenentzündung und Bauchwassersucht (Aszites) können ebenfalls Gründe sein. Im Alter von zwei Monaten manifestiert sich bei Säuglingen, die ausschließlich mit Muttermilch gefüttert werden, ein Eiweißmangel. Nach einer Enzymtherapie zeigt sich ein rascher Rückgang des Eiweißmangels und ein langsamer Rückgang des Energieverbrauchs. Bleibt die Mukoviszidose-Erkrankung bis zum 6. Monat unerkannt und wird der Säugling ausschließlich mit Muttermilch gefüttert, können Merkmale einer Gedeihstörung (Kwashiorkor), hervorgerufen durch Unterernährung, auftreten. Ein Defizit an unentbehrlichen Fettsäuren, aufgrund von Störungen bei der Aufnahme und der Verdauung von Fetten und fettähnlichen Stoffen (Lipide), Untergewicht, einer zu geringen Energieaufnahme und einem oxidativen Abbau mehrfach ungesättigter Fettsäuren, ist bei den meisten Mukoviszidose-Patienten feststellbar. Die Lipide im Plasma und im Gewebe neigen zu einem niedrigen Gehalt an den unentbehrlichen Fettsäuren Linol- und Linolensäure. Die genaue Ursache eines Mangels an den unentbehrlichen Fettsäuren ist noch nicht bekannt. In einer Untersuchung wurde beobachtet, dass eine Therapie mit Gallensäure für einen Zeitraum von 6 Monaten zu einer Verbesserung der Versorgung mit unentbehrlichen Fettsäuren führte. Durch einen beeinträchtigten Status an Glutathion, Vitamin A und Carotinoiden kommt es zu einem Mangel an Antioxidantien. Weitere Faktoren, die zu Unterernährung führen können, sind eine Fehlfunktion der Bauchspeicheldrüse, die zu einer Pankreasinsuffizienz und darüber hinaus zu einer erhöhten Fett- und Stickstoffausscheidung führt. Tests mit der indirekten Kalorimetrie an Jugendlichen mit Lungenproblemen ergaben, dass der durchschnittliche tägliche Energiebedarf bis zu 150 Prozent der üblicherweise empfohlenen Zufuhr entspricht. Eine geschädigte Lungenfunktion verursacht eine höhere Arbeit der Atmungsmuskulatur und einen Anstieg des Sauerstoffverbrauchs, was wiederum zu einem doppelt so hohen Grundumsatz im Vergleich zu Gesunden führt.

Wie wird Mukoviszidose behandelt?

Heilbar ist Mukoviszidose noch nicht. Es ist eine relativ aufwendige Therapie erforderlich, die nur die Symptome lindern und ein Fortschreiten der Erkrankung verzögern kann:

- Regelmäßige Inhalation
- Kontinuierliche Einnahme von Medikamenten
- Umfassende Ernährungstherapie
- Pankreasenzymsupplementation
- Autogene Drainage (Selbstreinigungsfunktion der Lunge)
- Physiotherapie
- Regelmäßiger Sport
- Rechtzeitig eingesetzte Antibiotikainfusionen
- Psychologische Begleitung des Krankheitsprozesses

Atemtherapie

Um den Schleimtransport in den Bronchien zu verbessern, müssen mehrmals täglich Inhalationen von schleimverflüssigenden Medikamenten durchgeführt werden. Bei Kleinkindern werden zusätzlich Klopfmassagen und Vibrationen des Brustkorbes angewendet. Ältere Kinder und erwachsene Patienten erlernen eine Selbstreinigungstechnik der Lunge, die autogene Drainage, die sie ohne fremde Hilfe durchführen können. Um die Atmung zu vertiefen und Herz und Kreislauf zu trainieren, wird Sport und regelmäßiges körperliches Training empfohlen.

Antibiotikatherapie

Häufige Antibiotikagaben sind erforderlich, um Infektionen der Bronchien und der Lunge zu verhindern. Chronische Infektionen würden zu einer fortschreitenden Zerstörung des Lungengewebes führen. Die Art der Antibiotikatherapie richtet sich danach, welche Bakterien im Bronchialschleim gefunden werden. Antibiotika können in Form von Säften oder Tabletten eingenommen werden. Manche Antibiotika können auch mit dem Inhaliergerät vernebelt und eingeatmet werden. Bei chronischer Infektion mit dem Pseudomonas-Bakterium müssen die Patienten regelmäßige, mindestens 14-tägige, intravenöse Antibiotikatherapien durchführen. Bisher war dies mit einem stationären Krankenhausaufenthalt verbunden. In den letzten Jahren werden jedoch immer mehr Möglichkeiten angeboten, diese Therapie auch ambulant zu Hause durchzuführen.

Erhebung des Ernährungszustandes

Alle drei Monate werden im Rahmen der Routineuntersuchung Länge, Körpergewicht, Kopfumfang (bis zum zweiten Lebensjahr) und Oberarmumfang gemessen. Das Gewicht wird in Prozent des Idealgewichts, als so genanntes Längensollgewicht (LSG) ausgedrückt:

LSG (in Prozent) = aktuelles Gewicht : IGL x 100

LSG = Längensollgewicht
IGL = Idealgewicht zur gemessenen Länge

Bei einem LSG über 90 Prozent und stabilem klinischen Zustand genügt eine unterstützende Ernährungsberatung (normale vollwertige, kalorien-, vitamin-, ballaststoff- und salzreiche Kost) sowie Pankreasenzym- und Vitaminsubstitution. In Wachstumsphasen oder bei Infekten sollte die Kaloriendichte angehoben werden. Untergewicht liegt vor bei einem LSG von 85 bis 89 Prozent. Eine genauere Untersuchung wird bei einem Abfallen des LSG um mehr als 5 Prozent, Stillstand der Gewichtszunahme beim Säugling/Kleinkind über 2 Monate und beim

Schulkind über 6 Monate nötig. Zu überprüfen ist das eventuelle Vorhandensein von Lungeninfektionen, Magen-Darm-Probleme oder psychosozialen Schwierigkeiten, ebenso wie die korrekte Einnahme der Pankreasenzyme und Zwischenmahlzeiten. Sollte unter diesen Punkten nicht die Ursache zu finden sein, muss frühzeitig ein Nahrungssupplement mit Lebensmitteln wie Milchshakes, kalorienreiche Drinks, Sahne, Butter oder Maltodextrin erfolgen. Bei einem LSG unter 85 Prozent müssen orale Nahrungssupplemente, oft mittels nächtlicher Sondenernährung (beispielsweise von den Herstellern Nutricia oder Abott), zugeführt werden.

Ernährungstherapie bei Mucoviszidose

Da die Fettaufspaltung durch eine verminderte Enzymaktivität im Sekret der Bauchspeicheldrüse reduziert ist, wurde Mukoviszidosepatienten noch vor einiger Zeit empfohlen, sich fettarm zu ernähren. Als Folge mangelte es den Betroffenen meist an körperlicher Energie, was sich in einem deutlich geringeren Körpergewicht äußerte. Heute weiß man, dass Mukoviszidosepatienten reichlich essen sollten, da sie durch ihre Erkrankung mehr Kalorien benötigen. Daher sollte die Energieaufnahme 30 Prozent über der Empfehlung für die jeweilige Altersgruppe liegen.

Altergruppe	Kalorienbedarf in Kilokalorien m/w
0	550
4 bis 12 Monate	800
1 bis 3 Jahre	1300
4 bis 6 Jahre	1800
7 bis 9 Jahre	2000
10 bis 12 Jahre	2250/2150
13 bis 14 Jahre	2500/2300
15 bis 18 Jahre	3000/2400
19 bis 24 Jahre	2600/2200
25 bis 50 Jahre	2400/2000

Tabelle: Referenzwerte für die Energiezufuhr bei Gesunden

Darüber hinaus wird für Fett ein Kalorienanteil von 35 bis 40 Prozent angeraten. Darunter sollte ein besonders hoher Anteil von ungesättigten Fettsäuren, die z.B. in Sonnenblumenöl, Rapsöl oder Sojaöl enthalten sind, sein, da diese die Vorstufen für die Fette des Zentralnervensystems sind. Außerdem sollte darauf geachtet werden, dass Lebensmittel wie Gemüse, Kartoffeln oder Vollkornbrot häufig verzehrt werden, da sie langsam resorbierbare langkettige Kohlenhydrate enthalten. Zudem sind mehr Nahrungsfasern, Vitamine und Mineralstoffe in diesen Lebensmitteln enthalten. Vorrangiges Ziel der Ernährungstherapie ist ein guter Ernährungsstatus, der mit einer Verbesserung der Lebenserwartung und Lebensqualität einhergeht. Eine sehr hochkalorische und fettreiche Ernährungsweise zusammen mit der Gabe von Verdauungsenzymen zu jeder Mahlzeit dient der Vermeidung von Untergewicht und Mangelernährung. Mukoviszidosepatienten müssen in der Regel etwa anderthalbmal so viel essen wie gesunde Gleichaltrige, um ihren erhöhten Kalorienbedarf auszugleichen. Durch häufig auftretende Appetitlosigkeit kann dies aber nur durch hochkalorische „Astronautennahrung" erreicht werden. Teilweise muss diese auch nachts über Magensonden zugeführt werden.

Um die hohen Energiemengen zu erreichen, gibt es einige nützliche Tipps bei der Nahrungswahl und Zubereitung:

- Soßen und Desserts mit Pflanzenöl, Eigelb, Sahne, Käse über 45 Prozent Fett, Butter oder Margarine versetzten
- Frittieren oder braten von Speisen und die Verwendung von reichlich Aufstrichfetten
- Kartoffeln sollten als Brei, Bratkartoffeln, Pommes frites, Kroketten oder Reibekuchen verzehren
- Zwischenmahlzeiten könnten fettreiche Kuchen mit Blätterteig oder Rührteig, Sahnejoghurt, Sahnequark, Milchshakes mit Obst und Sahne oder Pflanzenöl sein
- Für unterwegs ist es sinnvoll immer Nüsse, Mini-Salami, Kräcker, Schokolade oder Trockenfrüchte mitzunehmen

Auf Grund der Erkrankung ist die Energiezufuhr durch Appetitmangel jedoch vermindert und somit kann der Mukoviszidosepatient in einen Energiemangelzustand gelangen. Bei zu geringer Kalorienaufnahme besteht die Gefahr folgender Komplikationen:
- Gewichtsstillstand und Gewichtsabnahme,
- verminderte Muskelkraft und Infektabwehr,
- gestörte Lungenbelüftung (Ventilation) und Bronchialreinigung und verschlechterte Lungenfunktion und damit zunehmender Sauerstoffmangel (Hypoxie)

Patienten mit Mukoviszidose müssen besonders viel Flüssigkeit zu sich nehmen. Die Wasserverluste über vermehrtes Schwitzen, dünne Stühle und Atmung sind höher als bei Stoffwechselgesunden. Die Trinkmenge sollte 2 bis 3 Liter betragen. Der Salzgehalt des Schweißes ist auf das Mehrfache der Norm erhöht. Bei körperlicher Anstrengung, Fieber oder an heißen Sommertagen kann es zu einem hohen Salzverlust kommen, der über die Nahrung ausgeglichen werden muss.
Bei Funktionsschwäche der Bauchspeicheldrüse müssen Enzympräparate zu den Mahlzeiten eingenommen werden. Diese enthalten Verdauungsenzyme für Eiweiß, Kohlenhydrate und Fett. Die Dosierung dieser Enzyme richtet sich nach dem Fettgehalt der Nahrung, also je fettreicher eine Mahlzeit ist, desto mehr Enzyme werden benötigt. Es ist zu erwarten, dass eine zusätzliche Zufuhr von unentbehrlichen Fettsäuren bei Mukoviszidose zu folgenden Veränderungen führt:

- verbessertes Profil der unentbehrlichen Fettsäuren im Plasma
- Verminderung des im Schweiß verlorenen Natriums, jedoch nicht des Chlorids
- Verbesserter Ernährungszustand
- Reduzierte Erkrankungsausprägung in bereits betroffenen Organen

Ernährungstherapie bei Säuglingen und Kindern mit Mucoviszidose
Wird bei einem Kind Mukoviszidose diagnostiziert, muss unverzüglich eine unterstützende Ernährungsweise umgesetzt, rehabilitierende Maßnahmen ergriffen und Pankreasenzyme supplementiert werden. Rehabilitierende Maßnahmen zielen darauf ab, einen optimalen Ernährungsstatus herzustellen und Wachstum und Entwicklung zu fördern. Die hauptsächlichen diätetischen Ziele sind, für eine Energiezufuhr von 120 bis 130 Prozent und eine Proteinzufuhr von 120 bis 150 Prozent der Energiezufuhr gesunder Gleichaltriger zu sorgen sowie eine Fettzufuhr zu gewährleisten, die 40 Prozent der gesamten Energieaufnahme ausmacht.

Aufgrund des hohen Lipasegehalts in der Muttermilch sollte das Stillen unterstützt werden. Säuglingsmilch kann neben der Enzymgabe ebenfalls verabreicht werden. Auch für den Mukoviszidose-Neugeborenen ist Muttermilch die natürliche Nahrung. Durch ihre biochemische Zusammensetzung kommt die Muttermilch der biologischen Unreife des Verdauungssystems eines Neugeborenen entgegen. Die Verdauung und Resorption der Muttermilch erfolgt auch bei nicht ausgereifter Funktion der Bauchspeicheldrüse fast vollständig. Da alle Nährstoffe und die enthaltene Energie (70 Kilokalorien pro 100 Milliliter) in der Muttermilch optimal bioverfügbar sind, sollte die Muttermilch als obligate Basisernährung angesehen werden. Pankreasenzyme optimieren die Muttermilchverdauung auch beim gestillten Mukoviszidose-Kind. Auch hier ist auf die Gewichts- und Längenzunahme zu achten.

Ab dem vierten Monat sollte zugefüttert werden, da der Bedarf steigt und das Kind mit der Muttermilch alleine nicht mehr ausreichend versorgt wird. Säuglingsnahrung mit viel Getreide, püriertem Gemüse und Hülsenfrüchten ist eine ideale Entwöhnungskost. Um eine höhere Energiedichte zu erzielen, können Nahrungssupplemente mit Säuglingsmilch oder Kuhmilch kombiniert werden. Für ältere Kinder mit einer Laktoseintoleranz oder einer Allergie gegenüber den Milchproteinen der Kuhmilch, ist hydrolysierte Sojaprotein-Säuglingsmilch empfehlenswert. Salzhaltige Nahrungsmittel sind besonders im Sommer und an schwülen Tagen wichtig um die Elektrolytverluste durch den bei Mukoviszidose-Patienten besonders salzigen Schweiß zu kompensieren. Um den gesteigerten Energiebedarf von Säuglingen mit Mukoviszidose, die eine Enzymtherapie erhalten, zu erreichen, können extra Fette beigefügt werden, beispielsweise über pflanzliche Margarine und Kokosnussöl, welches ein Öl mit mittelkettigen Triglyceriden ist. Ein Defizit an unentbehrlichen Fettsäuren kann effektiver über pflanzliche Margarine als über Butter ausgeglichen werden.

Bei manchen Säuglingen treten, vermutlich aufgrund der hohen Menge an Enzymen, die unverdaut den Darm passieren, schmerzhafte Entzündungen im Bereich des Afters auf. Geeignete Salben oder gegebenenfalls eine Reduktion der Enzymdosen können Linderung verschaffen. Ab dem Alter von einem Jahr sollte das Kind dieselben Mahlzeiten wie der Rest der Familie zu sich nehmen, allerdings besonders fett-, salz- und kalorienreich. Dies ist durch 5 bis 6 Mahlzeiten, also 3 Hauptmahlzeiten und 2 bis 3 Zwischenmahlzeiten, zu erreichen. Um die lange Pause in der Nacht zu überbrücken, kann eine kleine Mahlzeit vor dem Zubettgehen sinnvoll sein. Regelmäßiges Wiegen und das Notieren des jeweiligen Gewichts helfen dabei, die Nahrungsaufnahme über den Tag zu bewerten.

Eine optimale Gewichtszunahme ist ein Indikator für die Wirksamkeit der Enzyme sowie den Erfolg des gesamten Diätverlaufs. Diese Methode gibt Aufschluss darüber, ob die Kaloriendichte der Nahrung optimal ist, oder ob eine parenterale Supplementation nötig wird. Der Fettgehalt der Nahrung sollte idealerweise 35 bis 40 Prozent der Gesamtkalorien betragen. 8,5 Prozent davon sollten aus mehrfach ungesättigten Fetten und 10 Prozent von einfach ungesättigten Fetten stammen. Für Kinder mit normalem Appetit sind Supplemente nicht notwendig. Bei einer leichten Erkrankung, die zu einem verminderten Appetit führt, können Supplemente sinnvoll sein, sollten aber nur solange verabreicht werden, wie die Appetitlosigkeit anhält. Supplemente dürfen niemals eine Mahlzeit ersetzen, sondern haben nur ergänzende und unterstützende Funktion. Sie sollten immer nach einer Mahlzeit oder vor dem Zubettgehen eingenommen werden. Empfehlungen für die Kalorienzufuhr über Supplemente sind 200 kcal pro Tag bei 1 bis 2-Jährigen, 400 kcal pro Tag bei 3 bis 5-Jährigen, 600 kcal pro Tag bei 6 bis 11-Jährigen und 800 kcal pro Tag bei über 12-Jährigen.

Nährstoffsupplemente für Patienten mit Mucoviszidose

Bei heißem, schwülem Wetter kommt es bei Mukoviszidose-Patienten durch das vermehrte Schwitzen zu enormen Elektrolytverlusten, da Mukoviszidose-Patienten einen stark erhöhten Salzgehalt im Schweiß aufweisen. Folgen können ein zu geringer Natrium- und Kaliumgehalt (Hyponatriämie bzw. Hypokaliämie) im Blut sowie ein Chlormangel und eine metabolische Azidose, also eine stoffwechselbedingte Störung des Säure-Basen-Haushaltes, sein. Ab einem Alter von 18 Monaten sollten Mukoviszidose-Patienten Elektrolyt-Supplemente erhalten, für ältere Kinder ist darüber hinaus eine salzreiche Ernährung sinnvoll. Die fettlöslichen Vitamine A, D und gegebenenfalls E sollten über Supplemente zugeführt werden. Eine extra Zufuhr von Vitamin K ist nicht notwendig. Die Zufuhr wasserlöslicher Vitamine sollte, aufgrund des gesteigerten Stoffwechsels und des gesteigerten Energiebedarfs, doppelt so hoch wie die bei Gesunden üblicherweise empfohlen ausfallen. Vitamin B 12 muss supplementiert werden, wenn durch Tests ein Mangel festgestellt wird. Ein Mangel des Spurenelementes Eisen wird bei Mukoviszidose-Patienten oft beobachtet. Ursachen sind eine ungenügende Energieaufnahme, Malabsorption, Blutverluste oder chronische Infekte. Die Pankreasenzyme könnten die Eisenaufnahme zusätzlich hemmen, Eisen-Supplemente sollten also in ausreichendem Abstand zu der Pankreasenzym-Einnahme erfolgen. Ein Mangel des Spurenelementes Zink entsteht ebenfalls häufig. Kinder brauchen 5 bis 10 mg und Erwachsene 15 mg Pankreasenzyme pro Tag, um die Zinkaufnahme zu verbessern. Des weiteren gibt es noch andere wichtige Supplemente. Beispielsweise N-Acetylcystein als schleimlösendes Mittel und als Schutz der Leber vor toxischen Sauerstoffverbindungen. Eine Dosis von 500 mg sollten Erwachsene 2 bis 3 mal pro Tag einnehmen. Lecithin erhöht die Löslichkeit von Cholesterin und emulgiert Fette. Erwachsenen wird eine Dosis von 1200 mg pro Tag oder alle zwei Tage empfohlen. Coenzym Q 10 stimuliert das Immunsystem bei einer Dosis von 60 mg pro Tag (Carnitin, mit einer vor toxischen Ansammlungen von langkettigen Fettsäuren im Zytoplasma und von Acetyl-CoA in den Mitochondrien schützenden Wirkung). Eine carnitinreiche Kost und Carnitin-Supplemente können die Malabsorption von Fett verbessern. Taurin setzt die Ausscheidung von Fettsäuren und Sterol mit dem Stuhl herab. In Studien zeigte sich bei 92 Prozent der getesteten Kinder, bei einer Behandlung mit 30 mg Taurin pro Kilogramm Körpergewicht pro Tag, ein Rückgang der Fett- und Sterolausscheidung.

Ernährung bei Klein- und Schulkindern mit Mucoviszidose

Bereits ab dem ersten Lebensjahr wird das mukoviszidosekranke Kind wie seine Alterskameraden zunehmend mit fester Kost (Getreide-, Obst-, Gemüsebreien mit Fleischanteil) ernährt. In dieser Phase wird das richtige Kauen und die kalorische Ausschöpfung der Kost gelernt sowie die Weichen für das spätere Essverhalten gelegt. Es sollten Nahrungsmischungen angeboten werden, die sich aus fett- und proteinreichen oder fett- und kohlenhydratreichen Mahlzeiten zusammensetzen. Empfehlenswert sind drei Hauptmahlzeiten und zwei bis drei Zwischenmahlzeiten. In diesem Alter sind die Hauptenergielieferanten Milch- und Milchprodukte, wobei der Tagesbedarf bei circa einem Viertel bis einem halben Liter Milch mit 3,5 Prozent Fettgehalt liegt. Durch Beifügen von etwas Butter und Sahne erhöht man den kalorischen Wert der Kost ohne großen Aufwand. Ältere Schulkinder verdauen wie Erwachsene und vertragen auch weitgehend deren Nahrung. Nur durch die Enzymgabe zu jeder Mahlzeit wird eine hohe Energie- und Nährstoffausschöpfung erreicht. 2500 Lipaseeinheiten werden benötigt um 1 Gramm Fett zu verdauen. Durch körperliche Aktivitäten in der Schule, Sport und Physiotherapie steigt der Energiebedarf.

Einige Kinder mit Mukoviszidose entwickeln durch eine langsame Zerstörung von Zellen, die Glukagon und Insulin in den Magen absondern, einen Diabetes mellitus. Ab dem 10. Lebensjahr sollte jedes Kind auf Diabetes mellitus untersucht werden, besonders bei Gedeihstörungen. CF-Kinder mit Diabetes mellitus werden völlig anders behandelt als bei Diabetes-mellitus-Patienten ohne CF. Einige der Empfehlungen lauten:

- Eine kohlenhydratreiche Kost zu jeder Mahlzeit, besonders vor dem Zubettgehen;
- Der Fettgehalt der Kost ist nicht reduziert;
- Nahrungsmittel, die Fett und Zucker enthalten, wie Schokolade oder Kekse, werden empfohlen;
- Zuckerfreie Getränke zwischen den Mahlzeiten können verzehrt werden;
- Geregelte und regelmäßige Zeiten für die Hauptmahlzeiten und die Zwischenmahlzeiten sind unbedingt zu beachten.

Darüber hinaus entwickeln manche Kinder mit CF auch eine Unverträglichkeit von im Gluten enthaltenen Gliadin (Zöliakie). Eine Gliadinunverträglichkeit führt zu einer Schädigung der Dünndarmschleimhaut und es kommt zu Durchfall, Erbrechen, Unterleibsschmerzen, Gewichtsabnahm, Gedeihstörungen und Appetitlosigkeit. In diesem Fall müssen alle glutenhaltigen Nahrungsmittel, wie Weizen, Hafer, Gerste und Roggen, gemieden werden.

Ernährung beim Jugendlichen mit Mucoviszidose

Bei mukoviszidosekranken Kindern kann die Pubertät verspätet beginnen. Untergewicht, Kleinwuchs oder die verzögerte Pubertät können das seelische Wohlbefinden des Kindes beeinträchtigen. Die jeweilige Entwicklungsphase bestimmt die Zusammensetzung, die Menge, und den Energiegehalt des Nahrungsangebots. Der Jugendliche sollte langsam an den mit 40 Prozent relativ hohen Fettgehalt seiner Nahrung gewöhnt werden.

Die Bedeutung von Pankreasenzymen

Enzyme sind für den Stoffwechsel unentbehrlich. Sie sind Proteine, die als Biokatalysatoren fungieren. Im Pankreas werden folgende Enzyme gebildet:

1. Proteasen: dazu gehören u.a. Trypsin, Chymotrypsin, Elastase und Dipeptidase; Proteasen spalten Proteine
2. Carbohydrasen: z. B. Amylase und Maltase; diese spalten Kohlenhydrate
3. Esterasen: Phospholipase, Cholinesterase, Phosphatase, Lecithinase A + B; sie sind für die Fettspaltung verantwortlich

Mukoviszidose-Patienten sind auf Pankreasenzymsubstitution angewiesen. Pankreasenzyme werden aus einem Extrakt aus Tiermagen gewonnen und müssen bei jeder Mahlzeit eingenommen werden. Fast alle Patienten mit Mukoviszidose haben eine unzureichende Pankreasfunktion. Sie brauchen fettspaltende Enzyme zu jeder Mahlzeit, daher sollten Enzympräparate immer zur Hand sein. Durch den erhöhten Energiebedarf Mukoviszidose-Kranker, müssen diese vollwertige, fettangereicherte Nahrung zu sich nehmen. Pro Tag darf maximal das 15.000- bis 20.000fache des Körpergewichts in IE (Lipase pro Kapsel in internationalen Einheiten) an Enzymen eingenommen werden.

Pro Gramm Nahrungsfett sollten 2.000 bis 3000 IE Pankreasenzyme aufgenommen werden. Durch Pankreasenzyme wird die zu jeder Mahlzeit notwendige Enzymabstimmung erleichtert. Die Feinabstimmung ist jedoch von Patient zu Patient unterschiedlich. Mukoviszidosepatienten entwickeln meist einen Blick für die ausreichende Menge an Enzymen und schätzen den Fettanteil der Mahlzeit richtig ein. Typischerweise müssen 2 bis 3

Kapseln zu den Hauptmahlzeiten und 1 bis 2 Kapseln zu den Zwischenmahlzeiten eingenommen werden. Beispiel:

2 Scheiben Roggenbrot (100 g)	1 g Fett
Butter (30 g)	26,96 g Fett
Schinken (50 g)	6,5 g Fett
	34,46 g Fett

Die richtige Dosis Pankreasenzyme für diese Mahlzeit berechnet sich folgendermaßen:

$$2500 \text{ IE x } 34{,}46 \text{ g Fett} = 86.150 \text{ IE Enzyme}$$

2 Kapseln à 40.000 IE + 1 Kapsel à 10.000 IE müssen zu dieser Mahlzeit eingenommen werden.

Wichtig ist, die Enzyme im ersten Viertel der Mahlzeit einzunehmen. Bei großen Mahlzeiten ist eine Verteilung der Enzyme über den Verlauf der Nahrungsaufnahme sinnvoll. Bei Durchfall, Bauchschmerzen oder Gewichtsstillstand ist eine Überprüfung des grob eingeschätzten Enzymbedarfs notwendig. Diese Symptome könnten auf eine Unter-Dosierung hinweisen. Ein Zuviel an Enzymen wiederum könnte eine Darmverengung verursachen. Es ist also wichtig, den Fettgehalt der einzelnen Nahrungsmittel genau abschätzen zu lernen. Die folgende Tabelle soll dabei eine Hilfe sein:

Produkt	Portion	Fettmenge	Enzyme 2000 IE pro 1 g Fett	Enzyme 3000 IE pro 1 g Fett
Milch und Milchprodukte				
Buttermilch	200 ml	1 g	2.000	3.000
Vollmilch (3,5 % Fett)	200 ml	7 g	14.000	21.000
Schlagsahne (30 % Fett)	15 g	5 g	10.000	15.000
Kaffeesahne (10 % Fett)	7,5 g	1 g	2.000	3.000
Joghurt (3,5 % Fett)	150 g	5 g	10.000	15.000
Käse (in Scheiben)				
Emmentaler (45 % Fett i. Tr.)	30 g	9 g	18.000	27.000
Edamer (45 % Fett i. Tr.)	30 g	9 g	18.000	27.000
Gouda (45 % Fett i. Tr.)	30 g	9 g	18.000	27.000
Tilsiter (45 % Fett i. Tr.)	30 g	8 g	16.000	24.000
Camembert (40 % Fett i. Tr.)	30 g	6 g	12.000	18.000

Schmelzkäse (40 % Fett i. Tr.)	31,25 g	12 g	24.000	36.000
Öle und Fette				
Öl	12 g	12 g	24.000	36.000
Butter	20 g	17 g	34.000	51.000
Margarine, pflanzlich	100 g	80 g	160.000	240.000
Mayonnaise (50 % Fett)	25 g	13 g	26.000	39.000
Fleisch und Fleischwaren				
Rindfleisch (Brust)	125 g	18 g	36.000	54.000
Rinderfilet	125 g	5 g	10.000	15.000
Rinderroulade	125 g	4 g	8.000	12.000
Tafelspitz	125 g	15 g	30.000	45.000
Schweinebauch	125 g	26 g	52.000	78.000
Schnitzel	125 g	2 g	4.000	6.000
Schweinefilet	125 g	3 g	6.000	9.000
Wurstwaren				
Salami	30 g	10 g	20.000	30000
Fleischwurst	30 g	8 g	16.000	24.000
Leberkäse, fein	30 g	7 g	14.000	21.000
Leberwurst	30 g	8 g	16.000	24.000
Mortadella	30 g	10 g	20.000	30.000
Kochschinken	30 g	1 g	2.000	3.000
Schokolade				
Vollmilch-Schokolade	100 g	32 g	64.000	96.000
Nuss-Nougat-Schokolade	100 g	31 g	62.000	93.000
Nüsse und Samen				
Erdnüsse, geröstet	50 g	25 g	50.000	75.000
Haselnüsse	125 g	77 g	154.000	231.000
Mandeln, süß	15 g	8 g	16.000	24.000
Pistazienkerne	25 g	13 g	26.000	39.000
Walnüsse	20 g	12 g	24.000	36.000

Tabelle: Lebensmitteltabelle zur Berechnung der Enzymdosis

Pankreasenzymsupplementation bei Säuglingen mit Mucoviszidose

Sie helfen dabei, das Proteindefizit und die Ausscheidung der Fettsäuren mit dem Stuhl zu reduzieren sowie ein Energiedefizit auszugleichen. Eine gesteigerte Energieaufnahme lässt sich über Gewicht, Größe, die Hautfalte am Trizeps und den Umfang an der Mitte des Oberarmes bestimmen. Die Dosis der Pankreasenzyme ist abhängig von Alter und Gewicht des Patienten. Kinder erhalten für 120 ml Säuglingsmilch oder Muttermilch ein Viertel oder ein Drittel einer Enzym-Kapsel. Der Inhalt kann mit der Milch vermischt und mit einem Löffel zugefüttert werden. Unter Berücksichtigung klinischer Symptome, Erscheinungsbild des Stuhls und objektiver Einschätzung von Gewicht, Größe und Absorption kann die Enzym-Dosis auch steigen. Fängt der Säugling an, auch feste Nahrung zu sich zu nehmen, so ist die Pankreasenzym-Dosis abhängig vom Fettgehalt der Nahrung. Je früher das Kind lernt, die Kapseln eigenständig zu schlucken, desto besser. Falls der Inhalt der Kapsel mit der Nahrung vermischt wird, sollte dies nicht mit der ganzen Mahlzeit geschehen, sondern auf einmal mit einem Löffel eingenommen werden.

Patienten die über eine Magenfistel (Gastrostomie) oder Sonde ernährt werden, nehmen die Enzyme vor und nach der Nahrungsaufnahme ein. Da das Pankreasenzym-Präparat nach einiger Zeit nicht mehr wirksam ist, ist es wichtig, immer eine Notfallration, deren Verfallsdatum ebenfalls regelmäßig kontrolliert wird, an einem kühlen Platz aufzubewahren. Ist der Stuhl anhaltend fettig trotz gesteigerter Pankreasenzymeinnahme, sollte eine Therapie mit säureneutralisierenden Substanzen (Antazida), beispielsweise Omeprazol oder Ranitidin, in Erwägung gezogen werden. Ein saures Milieu im Zwölffingerdarm wird so mehr alkalisch, was wiederum die Enzymaktivität an der entsprechenden Stelle im Darm fördert. Die negativen Effekte einer erhöhten Pankreasenzym-Supplementation sind beispielsweise eine Verengung des Dickdarms, schwere gastrointestinale Reaktionen wie Unterleibsschmerzen, Verstopfung, Durchfall oder Erbrechen, allergische Reaktionen und Entzündungen im Bereich des Afters.

Die Bedeutung von MCT-Fetten (medium-chain-triglycerides)

MCT-Fette sind Fette mittelkettiger mittelkettiger Fettsäuren (Triglyceride), die natürlicherweise in Kokosnussöl, Palmkernöl und in minimalen Mengen auch in Milchfett vorkommen. Normale Nahrungsfette wie Butter, Margarine und pflanzliche Öle enthalten fast ausschließlich langkettige Fettsäuren (LCT-Fette). In der normalen Ernährung kommen keine größeren Mengen MCT-Fette vor. Sie werden unter dem Einfluss von Pankreaslipase schneller im Dünndarm aufgespalten als langkettige Fettsäuren. Mittelkettige Triglyceride werden ohne Mithilfe der Galle vom Körper verdaut. Allerdings macht die Pankreasenzymsubstitution, die für die bessere Verwertung des Nahrungsfetts entscheidend ist, die MCT-Kost überflüssig. In Apotheken und Reformhäusern erhält man MCT-Fette in Form von Ceres-Produkten und MCT-Basis plus. Diese MCT-Fette benötigen keine extra Einnahme von Pankreasenzymen.

Selbsthilfegruppen / Informationsangebote

- NaHu – www.nahu.de
  Regionalgruppe Nahe-Hunsrück des Mukoviszidose e. V. mit ausführlicher Beschreibung der Symptome, Hinweisen zur Ernährung bei CF und einer Rezeptansammlung.
- CF-Selbsthilfe Bundesverband e. V. – www.cf-bv.de
  Bundesverband der regionalen CF Selbsthilfegruppe mit der Zeitschrift „Klopfzeichen".
- CF-Selbsthilfe Frankfurt e. V. – www.selbsthilfe-frankfurt.de
  Mit Forum, Veranstaltungskalender und Kontaktadressen.
- CF-Selbsthilfe Köln e. V. – www.cf-selbsthilfe-koeln.de
  Informationen über Mukoviszidose, mit Mailingliste MUKO-L und Downloadmöglichkeit von Infomaterial, z.B. zum Selbstbedrucken von Faltblättern.
- CF-Selbsthilfe Leipzig – www.cf-leipzig.de
  Informationen rund um die Selbsthilfegruppe und zum Thema Cystische Fibrose bzw. Mukoviszidose [benötigt Flash].
- Cfler für Cfler e. V. – www.cfler.de
  Der Verein von Betroffenen will Neudiagnostizierte über die Erkrankung, ihre Therapie und Spezialambulanzen informieren und bietet auch Telefonkontakt an.
- Cystische Fibrose Hilfe Österreich – www.cf-austria.at
  Mit Kontaktadressen, Kalender und ausgewählten Artikeln der Vereinszeitschrift.
- Landesverband Baden-Württemberg e. V. – www.mukoviszidose-baden-wuerttemberg.de
  Mit Veranstaltungskalender und Auszügen aus der Verbandszeitschrift "Südwestinformationen".
- Muko-Selbsthilfe Brandenburg – www.mukobrandenburg.de
  Mit Steuertipps für Behinderte.
- Mukonord – www.mukonord.de
  Gemeinsame Internetpräsenz der Regionalgruppen Kiel, Lübeck und Hamburg.
- Mukoviszidose Landesverband Berlin-Brandenburg e. V. – www.muko-berlin-brandenburg.de
  Zweck des Verbandes ist die Förderung einer vielseitigen Fürsorge für Betroffene. Die Seiten bieten einen Veranstaltungskalender, Pressemitteilungen, Chat und Berichte von Betroffenen an.
- Mukoviszidose- und Jugendhilfe Deutschland - www.members.aol.com/mukoselbsthilfe/index.html
  Der Selbsthilfeverein aus Brandenburg stellt sich vor und informiert über seine Ziele.
- Regionalgruppe Nürnberg-Erlangen des Mukoviszidose e. V. – http://private.freepage.de/lautenbacher/
  Beschreibung der Aktivitäten und Kontaktadressen.
- Regionalgruppe Siegen des Mukoviszidose e. V. – www.muko-siegen.de
  Kontaktadressen und Beschreibung der Aktivitäten des Vereins.
- Schweizerische Gesellschaft für Cystische Fibrose – www.cfch.ch
  Mit Beschreibung der Aktivitäten und Kontaktadressen der schweizer Regionalgruppen sowie internationaler Partnervereine.
- Selbsthilfegruppe Erwachsene mit CF – www.klopfzeichen.de
  Mit der Zeitschrift "Klopfzeichen", Forschungsberichten, Informationen zur Klimakur sowie zum Sozialrecht.
- Soforthilfe CF e. V. – Hilfe für Mukoviszidose-Betroffene – www.65rosen.de
  Der Verein möchte Betroffenen in allen Lebenslagen Hilfen anbieten und vermitteln. Die Seiten informieren unter anderem über Aktionen und bieten die Möglichkeit zum Beitritt.

Literatur:

1. Kasper, H.: Ernährungsmedizin und Diätetik. 10. Auflage, Urban & Fischer, München 2004
2. Ollenschläger, S.: Ernährungsmedizin Prävention und Therapie. 2. Auflage, Urban & Fischer, München 2003
3. Reuter, P.: Springer Lexikon Medizin. Springer Verlag, Berlin 2004
4. Wirths, Prof. Dr. W.: Kleine Nährwerttabelle der Deutschen Gesellschaft für Ernährung e. V. 41. Auflage, Umschau/Braus, Heidelberg 1999
5. www.aerztezeitung.de/docs/2004/10/11/183a1501.asp?cat=/medizin/atemwege/mu
6. www.cysticus.de/was_ist.htm
7. www.diabetes-world.net/de/55051/druck
8. www.dgk.de/web/dgk_content/de/ernaehrung_bei_mukoviszidose.htm
9. www.klopfzeichen.de/download/muko_therapiebegleiter.pdf
10. http://www.medizinimdialog.com/midsa00/HELPFILEDer_Stellenwert_einer_optimierte.htm
11. www.med-rz.uni-sb.de/med_fak/kinderklinik/doc1a.htm
12. www.muko-berlin-brandenburg.de/ernaehrung.html
13. www.muko-berlin-brandenburg.de/muko.html
14. www.muko-berlin-brandenburg.de/vererbung.html

Autor: Sven-David Müller, M.Sc, Master of Science in Applied Nutritional Medicine (Angewandte Ernährungsmedizin), staatlich anerkannter Diätassistent und Diabetesberater der Deutschen Diabetes Gesellschaft (DDG), Haddamshäuser Weg 4a, 35096 Weimar an der Lahn, 1. Vorsitzender des Deutschen Kompetenzzentrum Gesundheitsförderung und Diätetik e.V., www.svendavidmueller.de, diaetmueller@web.de, www.dkgd.de

Literatur: Beim Verfasser, Praxis der Diätetik und Ernährungsberatung, Haug Verlag, E. Lückerath und S.-D. Müller; Kalorien-Nährwert-Lexikon, Schlütersche Verlagsgesellschaft mbH, K. Raschke und S.-D. Müller